SIMONA CAFFARRA

MAPPE MENTALI PER BAMBINI

**Consigli e Strategie per Insegnare ai Bambini
Coinvolgendoli in Modo Attivo**

Titolo

"MAPPE MENTALI PER BAMBINI"

Autore

Simona Caffarra

Editore

Bruno Editore

Sito internet

http://www.brunoeditore.it

Sommario

Introduzione

Quante volte ti è capitato di richiamare inutilmente i tuoi alunni affinché seguissero la lezione? Sei dovuto ricorrere a minacce? Ti sei mai chiesto perché nell'insegnamento il raggiungimento di risultati positivi e la conseguente gratificazione siano diventati sempre più faticosi da ottenere? Se anche una sola delle risposte a queste domande è affermativa, questo testo fa al caso tuo.

Ti piacerebbe trasmettere molteplici contenuti ai bambini senza vederli rapiti dalla noia? È possibile. Trasforma questo tuo desidero in un risultato concreto. Che tu sia un docente, un educatore, un genitore o un qualsiasi adulto che ha a che fare con bambini e ragazzi, in queste pagine puoi trovare strategie utili per te e il tuo rapporto con loro.

Ti posso aiutare trasmettendoti ciò che ho appreso leggendo e seguendo corsi, oltre a offrirti la mia pluriennale esperienza didattica. Probabilmente, avrai già letto qualcosa al riguardo, ma io voglio portarti a compiere un ulteriore passo: trasportare queste conoscenze sul campo *pratico*, quotidianamente, con i bambini. Le mie parole ti saranno utili se hai la volontà di migliorarti.

All'inizio sarai titubante, ma ben presto ti ricrederai se mi seguirai lungo il percorso che ti propongo. T'insegnerò:

- come riconoscere le difficoltà dell'insegnamento e come focalizzare un obiettivo;
- quali passi fare per raggiungerlo;
- che cosa sono le mappe mentali e come utilizzarle con i bambini;
- che cosa sono le tecniche di memoria e come unire la loro efficacia a quella delle mappe mentali per usufruirne coi bambini;
- come analizzare esempi pratici sperimentati personalmente, utilizzarli in esperienze diverse e calarli nella tua realtà.

Hai la possibilità di utilizzare strategie importanti per la tua crescita personale e professionale, oltre che per favorire un migliore apprendimento dei tuoi bambini. Riuscirai a trasformare pagine e pagine di nozioni in efficaci conoscenze. Farai memorizzare numerosi contenuti in pochissimo tempo. Procederemo insieme e utilizzeremo un metodo d'insegnamento facile e produttivo. Ti offro non solo teoria, ma anche indicazioni pratiche e sperimentate personalmente.

CAPITOLO 1:
Come centrare l'obiettivo

So che ti starai chiedendo per quale motivo dovresti rivedere il tuo modo di insegnare, magari dopo anni di esperienza, e sforzarti di cambiare metodi che hai fatto tuoi da tanto tempo. Ti è costato fatica far sedimentare le conoscenze acquisite fra le pagine di numerosi libri durante le molte ore di studio. Hai dovuto far scontrare le competenze apprese con la realtà pratica delle situazioni che ti si sono presentate in classe. E spesso non le avrai trovate corrispondenti alla teoria. Così, hai collezionato esperienze sempre più numerose nel corso degli anni della tua carriera.

Il fatto è che non si tratta di stravolgere il tuo mondo di insegnante, ma di vedere tutto da un'angolazione più produttiva per la tua professionalità. Ogni mia affermazione, che troverai in queste righe, sarà il frutto di studio, prove e riflessioni che mi hanno portato lungo la strada che ora t'invito a percorrere con me.

Anch'io dopo ventinove anni d'insegnamento mi sono messa in gioco, rischiando sulla mia pelle. Ho testato in prima persona l'efficacia di quanto ti spiegherò in questo corso. Ho sempre pensato che avesse più valore l'acquisizione di un metodo rispetto al semplice "travaso" di contenuti. Questo per dare la possibilità ai bambini di usufruire dello strumento giusto al momento giusto. Fin dal primo anno d'insegnamento ho impostato il mio lavoro in questo senso. Mi è sempre sembrata la strada più giusta. È un'esigenza che ho avvertito anche io stessa quando ero una studentessa. Perfino allora il bisogno di avere a mia disposizione la risposta metodologica più appropriata, secondo la necessità che mi si presentava, si faceva strada in me in maniera assai prepotente. Così ho iniziato a orientarmi verso una ricerca più specifica.

Sono convinta che con gli strumenti giusti si possa affrontare qualsiasi contesto. L'esperienza raccolta col tempo riesce a facilitare una scelta di soluzioni più mirata e rapida.

Riconoscere le difficoltà nell'insegnamento
Oggi i bambini crescono in un mondo fatto di tecnologia. Sono

bravissimi con i videogiochi, i cellulari, i computer, i tablet, con iPhone e iPad, e quant'altro. A scuola, però, trovano spesso problemi nell'organizzazione del lavoro, nella razionalizzazione delle fasi di studio e nel raggiungimento di un apprendimento efficace. Perché? Di chi è la colpa? Corse frenetiche fra tante attività, continui bombardamenti di immagini che scorrono rapide davanti ai loro occhi, molteplicità di richieste. Fra tanti sofisticati strumenti a loro disposizione, tra i quali i ragazzi si destreggiano senza alcun problema, quello che faticano a usare è proprio quello che sarebbe in grado di portare loro migliori risultati e gratificazioni: la mente.

Talvolta, gli insegnanti si concentrano sulla preoccupazione di portare a termine il programma nel più breve tempo possibile. Mi sento chiedere spesso: «Dove sei arrivata col programma? Io ho già affrontato la maggior parte degli argomenti, così non ci penso più. Le altre insegnanti sono più avanti di me». In questo modo inizia un inseguimento spasmodico di un traguardo che, il più delle volte, gli insegnanti raggiungono da soli. E i bambini? Che ruolo hanno in tutta questa corsa?

L'insegnamento è diventato una gara di velocità. Ma è come se in una corsa di cavalli i fantini si ritrovassero al traguardo e si accorgessero solo in quel momento di aver dimenticato i propri animali da qualche parte sulla pista o, peggio ancora, al punto di partenza. Talvolta, altri docenti incentrano il loro lavoro sull'utilizzo di computer e lavagne interattive multimediali. Mezzi utilissimi e validi per l'insegnamento, ma solo *mezzi*.

In entrambi i casi, i docenti sembrano dimenticare quale sia il fulcro attorno al quale ruota l'apprendimento: la mente di colui che deve imparare. Comodità? Mancanza di abitudine? Pigrizia? Moda? Rassegnazione? Qualunque sia la risposta, il fatto è che spesso i risultati non sono gratificanti. Né per gli insegnanti, né per i genitori e tantomeno per i ragazzi.

Sempre più frequentemente mi capita di sentire le lamentele di colleghi, che si accontentano di livelli minimi raggiunti dalla propria classe. Vedo genitori disorientati nel seguire i figli. Intanto i ragazzi si fanno un'idea sbagliata del significato dello studio. A tutti viene a mancare la passione. La rassegnazione è devastante. Perché accettare passivamente una tale situazione?

In queste pagine, però, ti dimostrerò che gli esiti possono diventare appaganti. Fin dal primo utilizzo di queste indicazioni ti accorgerai della diversità del comportamento dei ragazzi, di come tu ti sentirai più incisivo e di quanto il lavoro risulterà alleggerito. Se applicherai le strategie che ti proporrò, vedrai i tuoi alunni più attenti, più partecipi alla lezione e più proiettati verso l'apprendimento di numerosi contenuti in minor tempo.

Rendersi conto di avere delle difficoltà e sviscerarle è il punto di partenza del nostro percorso. La presa di coscienza di una situazione che non funziona alla perfezione, e la volontà di trovare un rimedio valido, fanno sì che si possa iniziare un cammino importante. Insieme.

«I ragazzi non ascoltano» «Non hanno voglia» «Non hanno capito e i risultati delle verifiche sono negative» «Non studiano». Forse avrai riconosciuto alcune delle lamentele più comuni degli insegnanti, o proprio delle tue. Conclusione: «Non posso farci niente. Devo andare avanti. Se i ragazzi non si danno da fare, peggio per loro».

Ecco allora che:

- fatichi a coinvolgere i bambini;

- ottieni risultati scarsi;

- vengono meno la tua gratificazione e quella dei ragazzi.

Torna indietro nel tempo. Quando eri uno studente, i tuoi insegnanti ti hanno mostrato il modo in cui studiare efficacemente e piacevolmente? Ti avranno detto: «Fai questo». Ma ti hanno spiegato **come** fare? Probabilmente anche i tuoi insegnanti erano in difficoltà a trasmettertelo, se a loro volta non ne erano stati messi a conoscenza. Ognuno si è accontentato di trasmettere ciò che a suo tempo gli era stato "tramandato". Non è il caso di cambiare la situazione?

SEGRETO n. 1: è molto importante analizzare attentamente la situazione. Prendi coscienza delle diverse difficoltà, che ogni giorno si riscontrano nell'insegnamento e scrivile su un foglio sotto forma di elenco.

Ho imparato che l'ostacolo più grande a un problema sono le **convinzioni** che crea la nostra mente. La PNL, la programmazione neurolinguistica, le chiama **convinzioni limitanti** proprio perché creano degli ostacoli dentro di noi. Richard Bandler e John Grinder, fondatori della PNL, hanno studiato le eccellenze nei diversi campi per estrapolare strategie che costituiscono la differenza. Grazie al loro impegno, noi oggi abbiamo l'occasione di avvalerci dei loro risultati per trovare le soluzioni più idonee ai nostri problemi. Non vuoi approfittarne?

La prima volta che ho sentito parlare di PNL ho pensato che fosse qualcosa di esagerato. Forse, hai letto qualche articolo a riguardo e lo pensi anche tu. Ti assicuro, invece, che si tratta di qualcosa di veramente valido, funzionale e di una semplicità straordinaria. E spesso non facciamo caso proprio alle cose più semplici. Poi ne paghiamo le conseguenze in futuro, ritrovandoci rinchiusi in una spaventosa trappola.

Le convinzioni limitanti possono e devono diventare **convinzioni potenzianti**, condizioni cioè che aiutino a modificare una situazione negativa. Fino ad ora non hai trovato una vera spiegazione ai tuoi problemi o ti sei accontentato di aggrapparti a risposte palliative. Hai cercato nel posto giusto? Hai cercato in te?

Probabilmente, è l'unico posto in cui non lo hai fatto. Forse, non credevi che le risposte ti fossero così vicine. Il tuo modo di pensare crea un ostacolo. Se lo cambi, trovi le soluzioni. Smettila di lamentarti delle mille cose che ti circondano e comincia a risalire alla vera causa dei tuoi problemi.

Rifletti sull'esempio fatto precedentemente:

- Quando ti hanno ascoltato i ragazzi?
- Quando hanno dimostrato di avere voglia?
- Quando hanno capito la lezione e i risultati delle verifiche sono stati positivi?
- Quando hanno studiato?

Magari è capitato poche volte, concentrati proprio su quelle. Aggrappati a quei ricordi. Rivivili nei dettagli. È da quelli che devi partire. È in quelli che troverai la soluzione. Concentrati. In quelle occasioni avevi stimolato la loro attenzione? Come? Li avevi coinvolti? Avevi spiegato in modo diverso? Avevi dato loro gli strumenti per sapere come farlo? Magari hai fatto tutto ciò senza badarci. È arrivato il momento di prestare maggiore attenzione a questi particolari comportamenti.

Spesso i docenti si perdono nella paura e si rifugiano nell'incapacità di reagire di fronte a una realtà ormai data per scontata. Tu devi cambiarla. Hai la fortuna di poterlo fare. Metti energia in ciò che fai. Regala emozioni. Dai vita ai tuoi desideri d'insegnante. Libera pensieri positivi nella tua mente. Devi crescere per far crescere i ragazzi. Se sei passivo nel tuo lavoro lo saranno anche loro. Come essi assorbono la tua vitalità, s'impregnano anche della tua passività.

Le tue convinzioni gestiscono il tuo successo in positivo o in negativo. Devi essere tu per primo a voler cambiare il modo di lavorare. Devi essere determinato a volerlo fare. Devi essere tu a modificare le tue convinzioni limitanti in altre potenzianti per riuscire a risolvere i tuoi problemi. Dipende tutto da te. Più avanti ti spiegherò nei dettagli come riuscire a fare tutto ciò. Intanto, ragiona sulle cose che ti ho detto. Interiorizzale, poi continua a seguirmi nel percorso intrapreso. Ho ancora varie cose da farti scoprire con le quali proseguire per costruire il tuo successo.

SEGRETO n. 2: devi essere molto determinato nel voler trasformare le convinzioni limitanti in condizioni potenzianti

per modificare ciò che non va e riuscire a raggiungere il tuo successo in maniera positiva.

Esercizio: prepara una tabella con due colonne. Nella prima scrivi le difficoltà che riscontri durante l'insegnamento, e nella seconda il motivo corrispondente che, secondo te, blocca la soluzione.

Grazie a questo esercizio ti preparerai a compiere il primo passo verso un cambiamento importante, che ti migliorerà personalmente e professionalmente.

Focalizzare l'obiettivo

Fin da bambina la scuola mi ha affascinato. La vedevo come un mondo dalle mille possibilità. Giocavo a far finta di essere un'insegnante. Le bambole erano i miei studenti, le sedie ben ordinate e alcuni libri trovati in casa i miei strumenti. Imitavo i discorsi delle maestre. Perlopiù i rimproveri, i "dovete", i "non". Lì il divertimento finiva senza che ne comprendessi il motivo. Mi accorgevo che molti miei compagni odiavano la scuola. Le insegnanti sembravano accanirsi su di loro e la conclusione era sempre la stessa: i bambini non si applicavano e lo studio era un peso enorme. Una cosa sola li accumunava tutti: non avevano un metodo per imparare.

Avrai notato che molti studenti, perfino dell'università, trovano difficoltà nell'organizzazione dello studio. Spesso per loro applicarsi diventa un peso insopportabile. Una crisi li porta a bloccarsi lungo il cammino intrapreso e la superficialità rende la loro preparazione traballante. Ancora una volta la causa è la stessa: mancano di un metodo efficace. Il desiderio dei ragazzi di oggi è lo stesso di quelli di un tempo: trovare divertimento nello studio. In fondo, tutti preferiamo ciò che ci permette di raggiungere risultati migliori divertendoci.

In queste pagine troverai una risposta a questo problema. Ti ritroverai a divertirti insieme ai bambini. E ciò è molto importante. Non sto esagerando. Ti sto raccontando ciò che è successo anche a me. I tuoi dubbi erano i miei dubbi, la tua paura di affrontare qualcosa di diverso da ciò che sei solito fare era la mia stessa paura, le tue convinzioni limitanti erano le mie convinzioni limitanti.

Ho imparato che uno dei pilastri della PNL è la **motivazione**, cioè il motivo che spinge all'azione. È proprio questo fattore stimolante che ti aiuterà a ottenere ciò che vuoi. Tutti hanno problemi nella vita privata, nel lavoro, nei rapporti con gli altri. È proprio la volontà di risolverli che spinge ad agire. Essere motivati dà la forza di procedere e operare i cambiamenti necessari. Quando prendi coscienza di questo fatto, allora capisci che sei in grado di farcela. Ti rendi conto che il successo di ciò che fai scaturisce da te?

Per arrivare devi partire dalla fine. Più che concentrarti su ciò che non va, è importante soffermarti sui risultati che vuoi ottenere. Devi avere ben chiaro l'**obiettivo**. Non procedere a caso. Pensa a ciò che ti serve per raggiungere risultati positivi con i bambini. Focalizza il tuo obiettivo. Nel nostro caso lo scopo è dare loro strumenti efficaci per renderli autonomi e farli apprendere piacevolmente in minor tempo, cosicché il tuo lavoro sia meno faticoso.

Ti faccio notare che l'obiettivo è stato formulato in maniera positiva perché la mente non comprende il *non*. Per farti capire, i testi che spiegano questo concetto usano spesso esempi di questo tipo: «Non pensare a un quaderno blu con strisce gialle». A cosa hai pensato? Scommetto proprio a un quaderno blu con le strisce gialle. È inevitabile.

Quando hai determinato l'obiettivo, devi scriverlo. Vederlo "nero su bianco" ti aiuterà a proseguire passo dopo passo su una strada concreta. Sembra un passaggio semplice e banale, ma ti assicuro che non lo è. Vederlo scritto cambierà la tua visione di tutta la situazione. Se sei tentato di tralasciare questo punto, evita di farlo con tutte le tue forze. L'obiettivo deve essere "piantato" nella tua realtà. Tieni presente che a volte crediamo di avere tutto ben chiaro nella mente. Invece possediamo ben poco e ciò non ci porta molto lontano.

SEGRETO n. 3: rendi ben chiaro a te stesso l'obiettivo che vuoi raggiungere, poi focalizzalo in maniera motivante. Successivamente, formulalo in forma positiva e scrivilo su un foglio, affinché risulti più concreto e incisivo.

Esercizio: concentrati su un obiettivo che ti preme

particolarmente raggiungere e usa parole semplici ma precise per scriverlo in forma positiva.

Con questo esercizio sarai in grado di togliere il disordine dalle idee che potresti aver accumulato senza accorgertene. Imparerai a chiarire ciò che desideri davvero nel tuo lavoro.

Suddividere l'obiettivo in sottobiettivi

Ho detto di procedere "passo dopo passo". Non pretendere una magia per ottenere subito tutto. Procedi per gradi, e ad ogni passaggio ti garantisco che noterai un valido cambiamento.

Quindi, scindi l'obiettivo in *sottobiettivi* più specifici e graduali. Rifletti su ciò che abbiamo puntualizzato in precedenza.

PROBLEMA	SOTTOBIETTIVO
Non ti hanno insegnato come studiare in maniera efficace e piacevole, quindi ti senti insicuro.	Imparare le strategie più efficaci e idonee per la mente.

I ragazzi non ascoltano e non sono coinvolti.	Utilizzare nell'insegnamento le strategie imparate.
I risultati delle verifiche non sono positivi.	Fare utilizzare le strategie ai bambini in maniera divertente e autonoma.

SEGRETO n. 4: non avere fretta di raggiungere il traguardo che ti sei posto. Procedi con gradualità: scindi l'obiettivo stabilito in *sottobiettivi* più specifici e progressivi, ma ugualmente precisi e chiari a te stesso.

Rammenta l'importanza che ha la motivazione e agisci con entusiasmo. Noterai un'enorme diversità e ne rimarrai piacevolmente sorpreso. In breve tempo otterrai:

- gratificazione personale;
- maggiore attenzione da parte dei bambini;
- migliori risultati in minor tempo;
- maggiore partecipazione da parte degli studenti;
- maggiore autonomia da parte degli stessi.

Pensa a tutte le volte che ti sei sentito disorientato e l'unica possibilità che vedevi davanti a te era quella di arrenderti. Ora non proverai più quella sensazione di disagio che ti faceva affermare: «Non ne posso più! Non ce la faccio! Non ho altre possibilità». Adesso sai che un'altra possibilità esiste ed è alla tua portata. Ora la chiarezza si fa spazio nella tua mente e la sicurezza del tuo comportamento cambierà la situazione. Riorganizzerai il tuo modo di pensare e quello di agire. Vedrai la realtà da una nuova prospettiva. Ricorda che il primo passo è sempre il più difficile da compiere, ma è quello che ti permette di fare i successivi.

Chi non si pone domande, chi non è disposto a provare, chi sorride di tali comportamenti, chi accetta passivamente, ha perso in partenza. Chi non è convinto di potercela fare non tenterà e non riuscirà. Se non sei determinato, non scatterà la molla per arrivare al traguardo. È facile continuare a lamentarsi e non mettersi in gioco.

Esercizio: rifletti su quanti e quali passi sono necessari per andare dal punto da cui inizi a quello del raggiungimento dell'obiettivo che hai stabilito con l'esercizio precedente. Scrivili in maniera semplice e chiara.

Questo esercizio ti permetterà di abituarti a non dare tutto per scontato e a pianificare in modo graduale il percorso che vuoi affrontare con i ragazzi. Così facendo, ti renderai conto di quanti punti importanti hai sempre trascurato senza accorgertene, pregiudicando i passi successivi.

RIEPILOGO DEL CAPITOLO 1:

- SEGRETO n. 1: È molto importante analizzare attentamente la situazione. Prendi coscienza delle diverse difficoltà che ogni giorno si riscontrano nell'insegnamento e scrivile su un foglio sotto forma di elenco.

- SEGRETO n. 2: Devi essere molto determinato nel voler trasformare le convinzioni limitanti in condizioni potenzianti per modificare ciò che non va e riuscire a raggiungere il tuo successo in maniera positiva.

- SEGRETO n. 3: Rendi ben chiaro a te stesso l'obiettivo che vuoi raggiungere, poi focalizzalo in maniera motivante. Successivamente, formulalo in forma positiva e scrivilo su un foglio, affinché risulti più concreto e incisivo.

- SEGRETO n. 4: Non avere fretta di raggiungere il traguardo che ti sei posto. Procedi con gradualità: scindi l'obiettivo stabilito in *sottobiettivi* più specifici e progressivi, ma ugualmente precisi e chiari a te stesso.

CAPITOLO 2:

Come tagliare il traguardo del successo

A questo punto avrai cominciato a fare chiarezza su cosa è importante raggiungere. Il primo passo è stato compiuto. Ora hai chiaro come fissare l'obiettivo e sarai anche ben motivato per raggiungerlo. Ma non è sufficiente.

Una volta una collega mi ha detto: «Io so cosa voglio dai miei alunni. Ho ben chiaro dove voglio arrivare. Purtroppo, io chiedo, ma i ragazzi non rispondono. Praticamente, parlo a me stessa. Parlo da sola. Non ha senso». Sono rimasta sconcertata. Aveva ragione. Lavorava come se in classe fosse sola. Tutta la sua preparazione, tutte le sue buone intenzioni, tutti i suoi sforzi cadevano in un vuoto rassegnato. Non trovava la maniera di uscire da quel circolo vizioso o aveva paura di farlo. È capitato anche a te?

Ciò accade perché definire un obiettivo, averlo scritto e averlo suddiviso in sottobiettivi non basta. Siamo solo alla punta dell'iceberg. Cominciamo a scoprire il resto. Non basta sapere la meta che vogliamo raggiungere, è necessario conoscere la strada per farlo. Procedere a caso non porta in alcun posto. Finché le tappe non sono chiare, la partenza non può essere effettuata nel modo migliore. Pianifica con cura le fasi necessarie, rifletti sulla loro importanza e mettile in atto con molta decisione.

Vediamo, quindi, com'è possibile giungere all'obiettivo stabilito con la piena consapevolezza di ciò che ci accingiamo a fare. Non lasciamoci incatenare da falsi problemi, che potrebbero inutilmente ostacolare l'arrivo al traguardo desiderato.

Creare rapport

Il passo successivo è creare **rapport** con i ragazzi. Ciò significa entrare in sintonia con loro e creare un contatto fra le due parti. È necessario trovare un punto d'incontro in cui possa avvenire la comunicazione e riuscire a mantenerla a tal punto da influenzarli a livello inconscio. Tutto ciò è basilare per proseguire il nostro percorso. Insegnamento e apprendimento devono intrecciarsi. Ognuno deve dipendere dall'altro.

Ricordo che una volta una mia insegnante della scuola superiore il primo giorno dell'anno scolastico entrò in classe e annunciò a tutti noi con un tono minaccioso: «Quest'anno vi farò vedere io! Vi farò sudare. Non avrete scampo». Certamente non era un buon modo di entrare in rapport con noi allievi. Non avevamo parole e, soprattutto, non capivamo il motivo di quel discorso. In effetti, lei riuscì a farci sudare, ma ottenne anche risultati scarsi a causa della nostra apprensione nei confronti della materia. Quindi, l'insegnante fu capace di farci trascorrere le ore di lezione in modo tutt'altro che sereno, ma non credo che lei si sentisse molto gratificata.

Mi sono sempre chiesta come mai una professoressa si presentasse in classe così agguerrita e prevenuta nei nostri confronti. Che cosa provava nell'entrare in aula? Che cosa desiderava trasmetterci? Che cosa poteva guadagnare la sua professionalità? Sarebbe spettato a lei insegnarci come avvicinarci allo studio in maniera positiva. Non era quello il suo scopo? Che senso poteva avere quell'atteggiamento negativo nei nostri confronti? Che cosa avrebbe potuto ottenere con un atteggiamento diverso? Sicuramente non sapeva cosa significasse creare rapport.

Sappiamo bene che a cercare i lati negativi in ogni cosa li troveremo certamente. Con molta probabilità, quella professoressa aveva paura di perdere il nostro rispetto. Non si era resa conto di averlo smarrito proprio a causa di quel modo di rapportarsi con noi. Sarebbe stato meglio che si fosse preoccupata di mostrarsi *autorevole* e non *autoritaria*.

Insegnare non significa prendere parte a una guerra fra docenti e allievi in cui ognuno lotta nella propria trincea. Fra le due parti chi vincerebbe? E che cosa vincerebbe? Creare problemi ai ragazzi per poi far loro aggirare l'ostacolo non ha alcun senso. Trovare la giusta strada per entrambe le parti significa dare al termine *studio* un nuovo significato.

Creare rapport significa, quindi, entrare in un nuovo modo di ragionare. Bisogna staccarsi dalla propria rigidità mentale, aprirsi a un nuovo modo di far fronte alle cose. La capacità di creare rapport è una risorsa importante su cui far leva per riuscire a raggiungere gli obiettivi e i sottobiettivi stabiliti. Insegnare è una grande avventura e la paura di affrontarla è il nemico peggiore da combattere.

Renditi disponibile a capire gli altri, inquadra il loro modo di pensare e cerca di capire il più possibile le ragioni delle loro idee. Non è così difficile come può sembrare. Basta provarci. Solo quando ti sarai accostato a loro, avrai la possibilità di farli avvicinare a te. A questo punto potrete proseguire insieme verso un unico traguardo.

SEGRETO n. 5: il passo successivo consiste nel creare *rapport* in classe. Ciò significa entrare in sintonia con il mondo dei ragazzi, rinunciando alla propria rigidità mentale che ostacola la comunicazione fra le due parti.

La formula del ricalco-guida

Come possiamo creare rapport? La prima fase da attuare è il **ricalco.** Entra in sintonia con il linguaggio dei ragazzi, i loro pensieri e le loro paure. Interpreta i loro gusti, i loro sogni, le loro emozioni, e adeguati di momento in momento. Ciò significa farli sentire compresi, ma non vuol dire pensarla sempre come loro, né perdere il controllo della situazione. Non creare la figura dell'"amico a tutti i costi": è inutile e forzato. Non permettere loro di fare ciò che vogliono e finire per farti guidare dai ragazzi al fine di tentare di accaparrarti la loro simpatia. Mantieni il tuo ruolo di insegnante e trova un punto in comune coi ragazzi, affinché la comunicazione possa avvenire. Ricorda che devi sempre sapere chi sei, cosa vuoi ottenere e come fare per ottenerlo. Sforzati, invece, di lasciare la tua strada per entrare nella loro. Sta a te unire le carreggiate.

SEGRETO n. 6: la prima fase da attuare per creare *rapport* è quella del *ricalco*. Comprendi e compi il primo passo per entrare nel mondo dei bambini, senza mai dimenticare di mantenere il tuo ruolo di insegnante.

Riflettici un attimo. Come ti poni di fronte a un bambino? Magari entri in aula e la tua sola preoccupazione è svolgere la parte di programma pianificata per quel giorno. Per essere in grado di farlo, devono essere attive entrambe le parti e quindi devi dare la precedenza all'attuazione della fase di ricalco.

Spesso mi capita di assistere ad esempi similari. L'ansia dell'insegnante si sfoga con l'aumento del tono della sua voce, fino a quando esplode in una serie di urla. Queste ultime, però, sembrano non stimolare alcuna reazione positiva da parte dei ragazzi, i quali rimangono dietro il loro scudo di apatia.

Se ciò che ti dico crea un certo disordine in te, significa che cominci a renderti conto che è arrivato il momento di cambiare. Sai che per fare ordine nelle cose, bisogna prima di tutto buttarle all'aria. Capisci, quindi, che creare un legame di fiducia in classe diventa basilare. Non ti puoi permettere di tralasciare questo particolare.

Ti è mai capitato di provare una maggiore energia se ti rapporti con una persona che prova fiducia in te, che ti stima e che apprezza ciò che fai? Perché dovrebbe essere diverso per un bambino? La fiducia è l'affinità che s'instaura fra il suo mondo e il tuo e che permette una più valida comunicazione e un miglior raggiungimento degli obiettivi. Tu stesso una volta facevi parte di quel mondo. Ti rendi conto che spesso sei tu a non prestare attenzione a chi hai di fronte? Diventa specialista nell'assomigliare a chi ti trovi davanti, perché ti assicurerai un'arma infallibile per gestire innumerevoli situazioni. Se tu continui a procedere per la tua strada e i ragazzi rimangono sulla loro, sarete come due rette parallele che non s'incontrano. Allora il tuo lavoro sarà inutile.

So cosa stai pensando in questo momento: «Ma io sono l'insegnante». È vero, però ti ritrovi a parlare da solo sul pulpito. Che senso ha? «I miei insegnanti non hanno fatto diversamente con me» dirai. Proprio per questo motivo non hai imparato il valore di questa fase, né ti sei reso conto dei risultati che può farti ottenere il fatto di modificare il tuo modo di procedere. Non credi? Non avere paura di compiere il primo passo per avvicinarti ai bambini, perché il segreto della tua riuscita sta proprio in questa fase. La grandezza di un insegnante non risiede nel comandare, ma nella sua capacità di farsi seguire.

Rimanere chiusi nella propria rigidità mentale di sempre, come tanti, non ti porterà a nulla. Abbatti quel muro che ti allontana dal raggiungimento del tuo successo. La flessibilità sarà la tua arma vincente. Ti assicuro che entrare nell'ottica giusta farà la differenza che cerchi.

Sai che il pensiero costante dei bambini è giocare e allora sfrutta questa leva per raggiungere il tuo scopo. La fantasia può compiere miracoli per motivarli ad apprendere. Tieni sempre presente che i ragazzi sono in grado di comprendere facilmente cose che solo gli adulti etichettano come "difficili" per loro. Certamente, sta a te filtrare tutto con la creatività. Stimola la tua fantasia e accenderai la loro.

Alla fase del ricalco seguirà quella della **guida** con la quale sarai in grado di condurre i ragazzi sulla strada che vuoi percorrano. Vediamo in cosa consiste. Offri loro la possibilità di venirti dietro e poi guidali con fermezza sulla tua carreggiata. Ricordati di non confondere il termine *fermezza* con *imposizione*. Usa energia e non intimazione. Se avrai eseguito nella giusta maniera la prima fase, non avrai problemi a farti seguire. Non lasciare nemmeno che sia il gruppo a guidare te. Se riesci a comprendere e ad accettare il fatto di compiere il primo passo, allora sei sulla strada giusta.

SEGRETO n. 7: la seconda fase è quella della *guida*. Quest'ultima consiste nel condurre con energia i bambini sulla strada che vuoi far loro percorrere. Non confondere,

però, il termine "fermezza" con quello di "imposizione".

Prima di agire dovrai avere ben chiaro, quindi, dove vuoi che i tuoi ragazzi arrivino. Ecco che aver definito al meglio l'obiettivo con i relativi sottobiettivi ben dettagliati, sarà determinante per la tua chiarezza nella guida. Solo se avrai ben presente come agire, riuscirai a gestire al meglio la situazione.

Mettiti nei loro panni. Guarda il mondo da un altro punto di vista: il loro. Entra a far parte del gruppo per poi portare il gruppo stesso con te. *Ricalco*: «Avete ragione. Questa lezione tratta un argomento noioso anche per me». *Guida*: «Però conosco un trucco che vi farà capire alla svelta e finiremo velocemente. Se mi ascoltate, impiegheremo poco tempo e poi ci rilasseremo con una gara. Chi ha prestato più attenzione avrà la chiave per vincere». Sarà una guida che saranno disposti a seguire e non un'imposizione calata dall'alto. Tu otterrai da loro ciò che avevi precedentemente stabilito e la tua professionalità ne guadagnerà.

Tieni bene a mente che non c'è bisogno di preparare discorsi particolari. La bravura di un docente non sta nel dimostrare le sue capacità, ma nell'utilizzarle al meglio per raggiungere il suo obiettivo. Punta sempre sulla semplicità.

Molti insegnanti sono carenti nella fase del ricalco e poco determinanti in quella della guida. Bilanciare le due fasi significa ottenere una buona riuscita del lavoro. Con l'esperienza tutto avverrà in maniera più naturale e, man mano che procederai in questo senso, ne capirai l'effettivo valore. Quindi, rifletti bene su quanto hai letto fino a questo momento e allenati sulla formula ricalco-guida.

Esercizio: entra in classe senza preoccuparti di dover terminare il programma. Fai il primo passo e lascia che siano i bambini a trasportarti nel loro mondo. Poi, quando ti accorgi di aver creato sintonia, mostra con determinazione il lavoro in forma giocosa e accompagnali nel tuo universo.

All'inizio questo esercizio potrà sembrarti faticoso. Gradualmente, però, prenderai confidenza con questo modo di comportarsi e ti sentirai sostenuto dai risultati positivi che riuscirai a ottenere. Stai tranquillo, il tuo ruolo non perderà alcun potere. Non dubitare delle tue capacità a riguardo. Ricordati che, se vuoi, puoi raggiungere grandi traguardi.

Mi capita spesso di utilizzare questo metodo, e ogni volta mi rendo conto di quanto sia importante essere flessibili. È importante allenarsi in questa fase. Provare ad esserlo costituisce un ottimo inizio ed è meno difficile di quello che credi. Non lasciarti spaventare e non avere fretta.

Quindi, mentre ti concentri sulle mie parole e rifletti su ciò che ti dico, sono sicura che ti renderai conto dell'importanza di questo modo di agire. Ora che ti sei fatto un'idea della situazione e che hai una nuova motivazione, ti appare chiaro come utilizzare la tecnica. Così, mentre pensi a come realizzare tutto ciò con i bambini, inizi a sentirti più sicuro, senti la necessità di mettere in pratica ciò che hai appreso e cominci a vedere la possibilità di ottenere risultati migliori. Ben presto taglierai il traguardo con successo.

RIEPILOGO DEL CAPITOLO 2:

- SEGRETO n. 5: Il passo successivo consiste nel creare *rapport* in classe. Ciò significa entrare in sintonia con il mondo dei ragazzi, rinunciando alla propria rigidità mentale che ostacola la comunicazione fra le due parti.

- SEGRETO n. 6: La prima fase da attuare per creare *rapport* è quella del *ricalco*. Comprendi e compi il primo passo per entrare nel mondo dei bambini, senza mai dimenticare di mantenere il tuo ruolo d'insegnante.

- SEGRETO n. 7: La seconda fase è quella della *guida*. Quest'ultima consiste nel condurre con energia i bambini sulla strada che vuoi far loro percorrere. Non confondere, però, il termine "fermezza" con quello di "imposizione".

CAPITOLO 3:

Come approfittare dei segreti della mente

Ora sai come motivarti e come eliminare le convinzioni limitanti che possono ostacolarti. Hai capito come fare per avere ben chiaro l'obiettivo e come stabilire i sottobiettivi. Sai che cosa devono avere in comune i bambini e l'insegnante. Hai imparato come realizzare il punto d'incontro fra insegnamento e apprendimento. In poco tempo hai cambiato il tuo modo di vedere e di affrontare le cose, sconfiggendo la perdita di controllo del tuo ruolo, i timori e la rassegnazione. Hai compiuto passi importantissimi per poter proseguire il cammino. Adesso ti spiegherò come procedere per conquistare gli effetti desiderati. Vedrai che sarà semplice e divertente.

Qual è, secondo te, lo strumento più efficace per raggiungere i migliori successi nello studio? La mente. Pensaci un attimo. Ogni risultato ottenuto, anche quelli raggiunti per mezzo degli strumenti più sofisticati, è legato al lavoro della nostra mente. Il fulcro è proprio lei. Quest'ultima possiede un potenziale altissimo, che noi non sfruttiamo come potremmo. La sottovalutiamo senza un vero e proprio motivo. Ed è un peccato. Non immagini neppure il lavoro che sarebbe in grado di svolgere la mente. Senza saperlo ci asteniamo dalla gran parte della sua attività. Perché non offrirci la possibilità di sfruttarla appieno? Pensa a quante opportunità rinunciamo. Perché dovremmo continuare a privarcene?

SEGRETO n. 8: la nostra mente possiede un potenziale altissimo sfruttato da noi solo in parte. Spesso, senza rendercene conto, rinunciamo a tante opportunità che l'utilizzo completo della mente sarebbe in grado di offrirci.

Le mappe mentali

Tony Buzan è uno dei più grandi esperti delle metodologie di studio. Ne hai sentito parlare? Egli ha creato le **mappe mentali.** Queste ultime costituiscono uno strumento di pensiero potentissimo, e vale la pena imparare a usarle perché possono offrirci grandi risorse. Esse rispecchiano il modo di ragionare della mente. Imparando l'uso delle mappe mentali, parleremo il linguaggio della mente e comunicheremo con lei senza problemi. Insieme raggiungeremo al meglio ciò che ci siamo prefissati. Vale la pena conoscerle e approfittare dell'utilità che il loro uso può offrirci.

SEGRETO n. 9: le mappe mentali rispecchiano il linguaggio della nostra mente. Se impariamo a conoscere quest'ultimo e a utilizzarlo quotidianamente, saremo in grado di sfruttare tutte le risorse che esse possono offrirci.

All'inizio anch'io mi sono trovata spaesata di fronte a testi relativi a quest'argomento. La loro lettura è stata decisiva. Per semplificare i contenuti da acquisire e da far apprendere, ero abituata a servirmi di: schemi, diagrammi di flusso, mappe concettuali. Utili ma incompleti. All'inizio il passaggio dall'utilizzo del mio solito modo di lavorare al ragionare per mappe mentali mi faceva paura. Ho dovuto mettere in discussione il mio modo di pensare. Credo che questa sia anche la tua preoccupazione maggiore. Non fermarti a questo ingannevole ostacolo.

Ti assicuro che è bastato poco per rendermi conto che, mediante le mappe mentali, potevo ottenere effetti migliori. Ho provato a utilizzarle prima per esigenze personali come l'organizzazione degli impegni giornalieri. Poi ne ho esteso l'uso alla programmazione settimanale delle discipline scolastiche. Pian piano, mi sono state utili per tante occasioni diverse: per prendere appunti, nella lettura di un libro, nella pianificazione di progetti da realizzare. Più le usavo più capivo quanto mi semplificassero il lavoro.

Se il docente usa le mappe mentali per insegnare e, a loro volta, gli alunni si avvalgono delle stesse per apprendere, è fatta. L'obiettivo prefissato sarà raggiunto facilmente. Semplice, no? L'insegnante, però, deve essere in grado di spiegarle ai bambini e per farlo ha bisogno di conoscerle per primo. Non puoi trasmettere qualcosa che non padroneggi, giusto? Allora il prossimo passo da fare è quello di avvicinarsi a questo modo di pensare per conoscerlo meglio.

Definirei l'uso della mappa mentale come una "bacchetta magica moderna", quella che abbiamo sempre cercato e che non abbiamo trovato. Quella che gli adulti ci hanno detto non esistere una volta cresciuti. E noi non l'abbiamo più cercata. Invece esiste. È racchiusa nella nostra mente. L'abbiamo sempre avuta. Senza saperlo ne eravamo i proprietari. Era la nostra "bella addormentata", non aspettava altro che fossimo noi a svegliarci per raggiungerla e farla entrare in azione. Ora che sai della sua esistenza non potrai più ignorarla.

Come ti ho detto, anch'io ho sempre utilizzato appunti, diagrammi di flusso e mappe concettuali, sia per lo studio che per la preparazione delle mie lezioni. Certamente, ne avrai fatto uso anche tu. Questi mezzi mi hanno offerto un valido aiuto, ma mancavano di qualcosa: non erano così immediati come avrei voluto. La loro efficacia è stata importante per facilitare l'apprendimento di concetti spiegati per tanto tempo. Gestire numerose pagine, collegamenti a volte difficoltosi, contenuti dispersi, non era facile.

Il passaggio all'uso delle mappe mentali si è rivelato strabiliante. Si tratta davvero di un modo di ragionare idoneo e completo, che offre numerose possibilità. Non puoi rinunciarci.

Utilizzare le mappe mentali in classe

Le mappe mentali sfruttano meccanismi inconsci. La mente ha di fronte a sé tutto ciò che deve ricordare. In un unico foglio. E perché perdere tanto tempo nell'attesa di ritrovarsi adulti per utilizzarle? Non è meglio far svegliare la "bella addormentata" dai bambini stessi? Questi ultimi sono ottimi cavalieri senza paura. Sfidali ad allenare la parte creativa del cervello, che fino ad ora è stata tenuta in standby per la gran parte del tempo dello studio.

Utilizza le mappe mentali con i ragazzi. Spiega loro cosa sono. Poche caratteristiche da conoscere e ricordare:

- al centro del foglio l'*argomento*;
- vari *rami colorati* sistemati a raggiera;
- *sottorami* specifici sistemati secondo una *gerarchia*;
- lettura *in senso orario;*
- uso di *immagini* per ricordare meglio;
- *parole chiave* per richiamare i vari concetti.

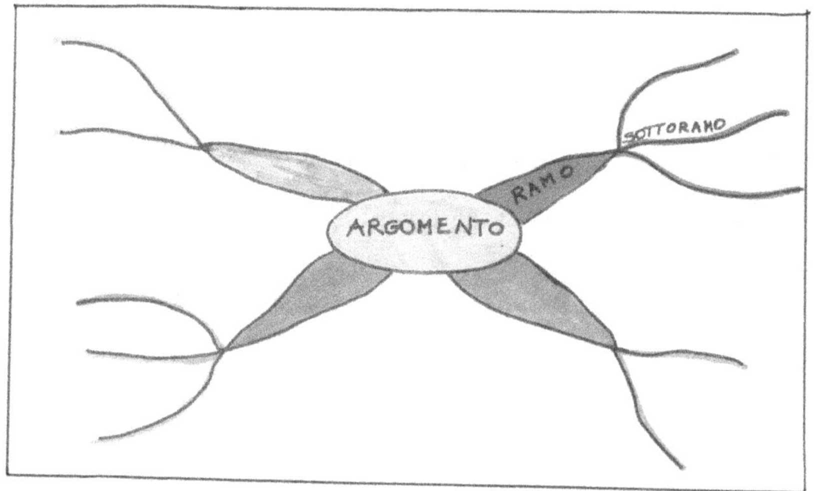

SEGRETO n. 10: le caratteristiche delle mappe mentali sono facili da ricordare: l'*argomento* al centro del foglio, i vari *rami* sistemati a raggiera, i *sottorami* specifici disposti secondo una gerarchia, la loro lettura in *senso orario*, l'uso di *immagini* per memorizzare e l'utilizzo di *parole chiave* per i vari concetti.

Esercizio: osserva l'immagine della mappa mentale, poi chiudi gli occhi. Ripensa alla parte centrale in cui si trova l'argomento, ai rami colorati di rosso, blu, rosa e verde e ai relativi sottorami. Dopo qualche istante riapri gli occhi e riproduci la mappa su un foglio senza guardare la precedente.

Sono sicura che sei riuscito a duplicarla senza alcuna difficoltà. Nel momento stesso in cui l'hai osservata, la tua mente l'ha immagazzinata grazie ai colori, alle immagini dei rami e alle parole chiave.

Svela tutto ciò ai bambini come fosse un gran segreto. Sai che loro sono molto curiosi e rimangono sempre affascinati da quel senso di mistero che un adulto riesce a evocare.

Comincia con il dire che la nostra mente possiede dei "trucchi" speciali per imparare più velocemente e senza fatica. A questo punto la miccia della loro curiosità è accesa. La mente è vista da loro come un personaggio nuovo che ha e sa qualcosa di speciale. Se ci pensi, riflettere sul fatto che la nostra mente possieda delle capacità particolari li farà sentire come quei personaggi dei cartoni animati con poteri speciali, amati tanto dai bambini. Perché rinunciare alla maggior parte di quei poteri?

La mente quindi è una nuova amica, da conoscere, da sostenere e dalla quale farsi aiutare. È un personaggio che entra a far parte del gruppo. Le basi del divertimento sono gettate e la motivazione ad apprendere è al massimo. Ti rendi conto dell'atmosfera che sei riuscito a creare in classe?

Quando ho provato a utilizzare le mappe mentali con i miei allievi di classe seconda primaria sono rimasta sbalordita dalla loro reazione: sguardi attenti, domande, voglia di fare, anche da parte dei bambini di solito meno impegnati.

Sottolinea il fatto che alla mente piacciono soprattutto i colori, le immagini, i simboli. È necessario facilitarle il lavoro di memorizzazione raggruppando tutte le informazioni su un unico foglio. Fai dire ai bambini "di cosa parliamo", cioè l'argomento da trattare. Successivamente, scrivilo al centro della lavagna e cerchialo perché quello è il posto d'onore.

A questo punto elenca insieme ai ragazzi tutto ciò che interessa rammentare a riguardo. Ricordati di far notare che la mappa si allarga a raggiera, proprio per acchiappare tutte le informazioni. Fai divertire i bambini a scegliere i colori che preferiscono per rappresentare i rami su cui verranno sistemate le informazioni generali. Da questi fai partire i sottorami per i particolari. E non dimenticare di divertirti con i ragazzi!

Dai sfogo alla loro e alla tua creatività usando disegni, foto, simboli che richiamino il concetto che deve essere interiorizzato. Esagerane le caratteristiche, la dimensione, la forma. Ora la mente è stimolata ad apprendere. È come aver piantato dentro di lei un albero: rimarrà ben radicato.

Mi hanno lasciato particolarmente sorpresa le parole di un bambino diversamente abile. Un giorno, durante l'intervallo, si è avvicinato e mi ha detto: «Quelle che tu chiami mappe mentali assomigliano al sole con i raggi. Solo che tu le fai fare di tanti colori, mentre il sole è solo giallo. E invece di chiamarli raggi li chiami rami e diventano sempre più piccoli. Sono ancora più belli». Con poche parole egli aveva paragonato l'immagine della mappa mentale a quella del sole, elencato le caratteristiche necessarie per costruirla ed espresso un suo parere positivo al riguardo. Come vedi non è difficile entrare nell'ottica delle mappe mentali. I bambini non hanno alcun problema a farlo.

Esercizio: scegli un tema semplice che hai trattato in una disciplina. Raccogli le informazioni in una mappa mentale. Utilizza colori, parole chiave, immagini per sistemarle sui rami e sui relativi sottorami distribuiti attorno all'argomento, che metterai al centro.

Realizza le tue mappe sulla lavagna. Fai disegni grandi e usa gessi colorati di tante tonalità. Essi risulteranno enormi e sarà come essere immersi nella mappa stessa. Ti garantisco un effetto spettacolare. Fai immaginare ai bambini. Ecco, ora la mente scatta una foto e a noi basta chiudere gli occhi per vederla. Prova a fare una gara per vedere chi ricorda le informazioni contenute nella mappa. Sarà una sorpresa anche per te. I bambini sono già in grado di ripetere ciò che è contenuto nella mappa. Immagina la soddisfazione! Hai la possibilità di vivere e far vivere ai ragazzi un'esperienza speciale.

SEGRETO n. 11: coinvolgi i bambini nella realizzazione di una grande mappa mentale sulla lavagna. Fai enormi disegni e colorali con gessi di tante tonalità. Infine, fai scattare alla loro mente la foto per fissare il tutto.

Per la mente è importante un ripasso della mappa, affinché il suo contenuto si fissi nella memoria a lungo termine. Ricordi quando andavi a scuola e studiavi ore, per poi non rammentare niente? Facendo un ripasso della mappa, seguendo queste scadenze, le informazioni non verranno più dimenticate: 10 minuti, un'ora, un giorno, una settimana, un mese. In questo modo sarà facile ricordare tutto.

I vantaggi dell'uso delle mappe mentali sono tanti:

- maggiori contenuti appresi;
- minor tempo per imparare;
- maggior tempo di ritenzione seguendo i ritmi di ripasso;
- migliori risultati;
- lo studio si trasforma in divertimento.

SEGRETO n. 12: abitua i bambini a ripassare la mappa mentale secondo una serie di scadenze (10 minuti, un'ora, un giorno, una settimana, un mese). Li aiuterai a fissare nella memoria a lungo termine ciò che devono imparare e a usufruire di tutti i vantaggi dell'uso delle mappe mentali.

Ti chiederai: le mappe mentali non hanno svantaggi? Certamente. Se le realizzi senza convinzione, se non applichi le regole esaminate precedentemente o se le usi in maniera parziale le mappe mentali non avranno gli effetti desiderati. Rimarranno semplici schemi come tanti altri. Non cadere in questi errori. Come vedi, ancora una volta tutto dipende da te, dalla tua passione, dalla tua motivazione. Approfitta di ciò che stai imparando!

RIEPILOGO DEL CAPITOLO 3:

- SEGRETO n. 8: La nostra mente possiede un potenziale altissimo sfruttato da noi solo in parte. Spesso, senza rendercene conto, rinunciamo a tante opportunità che l'utilizzo completo della mente sarebbe in grado di offrirci.

- SEGRETO n. 9: Le mappe mentali rispecchiano il linguaggio della nostra mente. Se impariamo a conoscere quest'ultimo e a utilizzarlo quotidianamente, saremo in grado di sfruttare tutte le risorse che esse possono offrirci.

- SEGRETO n. 10: Le caratteristiche delle mappe mentali sono facili da ricordare: l'*argomento* al centro del foglio, i vari *rami* sistemati a raggiera, i *sottorami* specifici disposti secondo una gerarchia, la loro lettura in *senso orario*, l'uso di *immagini* per memorizzare e l'utilizzo di *parole chiave* per i vari concetti.

- SEGRETO n. 11: Coinvolgi i bambini nella realizzazione di una grande mappa mentale sulla lavagna. Fai enormi disegni e colorali con gessi di tante tonalità. Infine, fai scattare alla loro mente la foto per fissare il tutto.

- SEGRETO n. 12: Abitua i bambini a ripassare la mappa mentale secondo una serie di scadenze (10 minuti, un'ora, un giorno, una settimana, un mese). Li aiuterai a fissare nella memoria a lungo termine ciò che devono imparare e a usufruire di tutti i vantaggi dell'uso delle mappe mentali.

CAPITOLO 4:

Come intrecciare le strategie della mente

Hai imparato come formulare un obiettivo, come raggiungerlo, come utilizzare le mappe mentali. È il momento di prendere coscienza di un'altra fase importantissima nell'insegnamento: favorire l'apprendimento. Questa parte viene spesso sottovalutata, è presa in scarsa considerazione o data per scontata. Invece, essa costituisce uno dei pilastri della professionalità dell'insegnante.

Nel secondo capitolo hai visto come, per imparare, sia necessario essere messi nella condizione di farlo e di come ciò possa fare la differenza. Ti sei reso conto che i passi da fare sono veramente basilari per raggiungere questo obiettivo.

Ti è mai capitato di seguire un corso di aggiornamento o una conferenza e di trovarti davanti a un oratore che cerca di mettere in mostra tutte le sue migliori doti dialettiche senza preoccuparsi degli sguardi disorientati di chi ha di fronte? Lui parla velocemente, spiega secondo i suoi ritmi, illustra ciò che ritiene importante per lui, sfoggia la conoscenza di paroloni. Così, magari senza rendersene conto, non favorisce la comunicazione, anzi la annienta. Quindi il messaggio non arriva ai destinatari. Può trattarsi della persona più intelligente di questo mondo. Non esiste comunicazione. Niente è più inutile.

Non commettere lo stesso sbaglio. Metti sempre i ragazzi in condizione di sapere cosa stanno per imparare e perché è importante farlo. È fondamentale anche che essi siano consapevoli di come lo impareranno e di quali modalità vuoi servirti. Accertati che sia tutto chiaro per loro, già prima di iniziare il vero e proprio lavoro. Rammenta che questa è una fase importante, che fa parte della lezione stessa.

SEGRETO n. 13: favorire l'apprendimento è uno dei pilastri della professionalità di un insegnante. I ragazzi devono sempre avere ben chiaro *cosa* devono imparare, *perché* è necessario farlo, *come* è meglio procedere.

Mi è capitato di sentir dire a un'insegnante: «I miei alunni non hanno la minima idea di cosa io stia dicendo. Ma ora preparo una verifica tale che vedranno. Così si accorgeranno dei risultati negativi che ottengono». Visto da questo punto di vista, l'insegnamento è una lotta continua in cui sono presenti due antagonisti. Da una parte si trova il docente e dall'altra ci sono i ragazzi. Non ha senso. Chi ci guadagna in questa situazione? E soprattutto, che cosa?

Ora, però, tu sai parlare il linguaggio della mente. Puoi migliorare il suo lavoro di memorizzazione, facilitando così l'apprendimento ai bambini. Anche tu guadagnerai tempo e gratificazioni.

Le tecniche di memoria

Ciò di cui hai bisogno in questo momento è l'ausilio di tecniche di memoria. Queste ultime sono strategie che avvantaggiano l'apprendimento. Esse favoriscono la memorizzazione, migliorano il rendimento, diminuiscono il tempo di studio e lo rendono molto più piacevole. La loro validità si basa sul fatto che sfruttano il naturale funzionamento della memoria. Sono efficaci non solo per i bambini, ma per tutti. Anche per te. Queste strategie facilitano, quindi, sia il lavoro dei ragazzi che il tuo.

Credo che valga veramente la pena investire del tempo per impararle.

SEGRETO n. 14: le tecniche di memoria sono strategie veramente efficaci, che facilitano sia il lavoro dei ragazzi che quello dei docenti, in quanto riescono a sfruttare il naturale funzionamento della nostra mente.

Esistono diverse strategie di memoria. Quelle che ritengo essere più utili per i bambini sono *la tecnica legata alle immagini* e quella della *costruzione di un film*. Sono strategie che ho sperimentato con successo, come ti mostrerò più avanti.

Per far memorizzare una parola è utilissima la **tecnica legata alle immagini**. È molto facile e divertente. Per i bambini costituisce un gioco nuovo. Si basa sul principio di visualizzazione. Ogni bambino diventa un *mago* con poteri straordinari. Egli trasforma una parola in un'immagine buffa, esagerata, divertente, colorata, coinvolgente dal punto di vista emotivo, che ricorda qualcosa di personale, che richiami il termine per assonanza o mediante un'associazione inusuale.

Una volta trovata l'immagine fai chiudere gli occhi ai ragazzi e invitali a concentrarsi. Ora dì loro di fantasticare sulla nuova rappresentazione del termine. Descrivila con loro, fa' loro immaginare di vederla davanti ai propri occhi, di osservarne le caratteristiche, i particolari e i colori. Questo è l'esempio della figura, che rappresenta il ruolo dell'eroe, ottenuto durante l'analisi del testo della fiaba.

Eccolo qui. Un essere con una faccia da inesperto, pieno di lentiggini, un'espressione un po' tonta, due orecchie a sventola e una grande bocca dalla quale spuntano due soli dentoni. È magrissimo e sembra che i muscoli si siano radunati in un solo braccio. Le gambe assomigliano a due stuzzicadenti piegati e deboli. È allegro e sicuro di vincere. Un personaggio così non è proprio la figura dell'eroe che siamo abituati a trovare nelle fiabe. Eppure, proprio per questo motivo, questa immagine riuscirà a fissarsi nella nostra mente.

È sicuramente una rappresentazione simpatica, la quale contrasta con quella che vorremmo vedere dell'eroe in grado di salvarci. L'immagine è buffa, esagerata in certe caratteristiche, colorata vivacemente, stimola l'attenzione e fissa il concetto nella memoria del bambino. Quest'ultimo si divertirà e lo ricorderà facilmente, soprattutto se i particolari sono stati stabiliti dai ragazzi stessi. E loro sono bravissimi nel farlo.

SEGRETO n. 15: con la *tecnica legata alle immagini* il bambino diventa un *mago* e trasforma una parola in un'immagine dai particolari buffi, strani, divertenti, colorati, coinvolgenti, personali, richiamati per assonanza.

Esercizio: scegli una parola cui è legato un concetto, che i bambini devono imparare. Fai loro trovare un'immagine che richiami le caratteristiche in maniera esagerata e ridicola (ad esempio: antagonista, aiutante, critico ecc.).

Questo esercizio ti sarà utile per abituarti a semplificare l'insegnamento anche dei concetti più complessi. Prova a farlo tu per primo. Usa tutta la tua creatività, come se fossi un bambino.

Per memorizzare, invece, una serie di parole è utile **la tecnica della costruzione di un film**. Questa volta il bambino diventa un *sarto* speciale, in grado di cucire i termini da imparare. Unendoli uno dopo l'altro, forma una simpatica storia da visualizzare, come se si trattasse di un film. In questo modo l'apprendimento mnemonico non sarà qualcosa di meccanico e noioso.

Osserva l'esempio dello studio delle parti dell'albero eseguito con l'aiuto di questa tecnica. Questi erano i termini da imparare: *radice – tronco – corteccia – ramo – foglia*. Ecco la storia che ha cucito tutti i nomi da ricordare. Un grasso verme aveva costruito la sua casa sotto una *radice* ricurva a forma di ponte. Un giorno si annoiava a rimanere lì, all'umido, senza far niente. Volle uscire per fare una passeggiata. Improvvisamente, il cielo si oscurò e cominciò a piovere. Lui, che guardava a bocca aperta verso le nuvole diventate nere, si ubriacò con una grossa goccia d'acqua cadutagli in gola. Così, barcollando a destra e a sinistra, fece un bel girotondo attorno al *tronco*, mentre cantava una canzone buffa e stonata. Si grattò la schiena, strisciandosi sulla *corteccia* rugosa e si sedette per terra. Era stanchissimo. Guardò in alto e disse: «Come vorrei essere lassù, su quel *ramo*». Inaspettatamente, cadde una *foglia*, che lo colpì sulla testa e lui si accasciò tramortito. Infine, si mise a dormire e a russare rumorosamente.

Questo tipo di strategia mi ha facilitato il lavoro in molte occasioni, che ti presenterò ancora con altri esempi. Ricordo le risate dei bambini. Spesso mi chiedevano: «Cuciamo ancora storie?» La loro creatività e l'apprendimento di concetti importanti s'intrecciavano senza fatica nella loro mente.

In questa maniera la fantasia diventa supporto per la memoria e il divertimento facilita l'acquisizione di tanti contenuti. Prova a immaginare di creare la stessa reazione nella tua classe!

SEGRETO n. 16: con la *tecnica della costruzione di un film* il bambino si trasforma in un *sarto*. Egli sarà capace di cucire fra loro varie parole in modo da formare una storia da visualizzare, come un film facile e divertente da ricordare.

Esercizio: scegli una serie di termini che vuoi far imparare ai bambini. Guidali a inventare una simpatica e particolare storiella, che contenga i termini stessi "cuciti" uno all'altro (ad esempio: le parti del fiore, le fasi della digestione, i movimenti della terra).

Con questo esercizio l'acquisizione di gruppi di parole da memorizzare risulterà immediato e divertente. Col tempo l'invenzione di storie per ricordare insiemi di termini diventerà naturale per i ragazzi. La loro mente immagazzinerà un'infinità di racconti.

Per esperienza, posso garantirti che queste strategie costituiscono un supporto veramente efficace. Le ho utilizzate molto spesso, anche personalmente. Per i bambini si sono rivelate scelte assai valide per la comprensione di numerosi contenuti durante lo svolgimento delle mie lezioni, anche unendole fra loro.

Unione delle tecniche di memoria alle mappe mentali

L'unione dell'utilizzo delle mappe mentali a quello delle tecniche che ti ho presentato ha costituito la forza del mio lavoro. Ha amplificato l'efficacia dell'apprendimento attraverso strategie, che per i bambini corrispondevano a giochi divertenti. La lezione viene così alleggerita senza perdere la sua efficacia.

Ho preparato varie mappe mentali insieme agli alunni della mia classe. Successivamente, abbiamo provato a inventare storie che unissero tutte le parole chiave sistemate sui rami delle mappe stesse. Ogni bambino aveva una miriade di idee che si sviluppavano strada facendo e che voleva proporre.

La somma dell'efficienza delle singole tecniche ha portato risultati assai più positivi di quanto mi aspettassi. Mi sono resa conto di quanto tempo abbia impiegato in passato per cercare e trovare metodi utili a facilitare lo studio.

SEGRETO n. 17: con l'unione delle tecniche presentate e l'uso delle mappe mentali viene amplificata l'efficacia dell'apprendimento. La lezione risulta assai più divertente per

i bambini e i risultati ottenuti sono migliori.

Impadronisciti di queste tecniche e usa quella giusta in base alle necessità del momento. Inizia a intrecciarle fra loro, usandole per affrontare semplici lavori. Pian piano passa a servirtene per argomenti più complessi. Fin dai primi lavori ti renderai conto di come risulterà più facile ricordare tante cose.

Se vuoi, approfondisci la conoscenza di queste strategie con la lettura di altri testi. Sperimentale con fiducia nel tuo lavoro. Giorno dopo giorno, queste strategie entreranno a far parte dei tuoi strumenti del mestiere e le potrai utilizzare con facilità ogni volta che vorrai. I benefici per te e per i ragazzi aumenteranno con l'esercizio.

Esercizio: "cuci" le parole chiave della mappa mentale che hai realizzato precedentemente e con esse inventa una storia ridicola. Ti consiglio sempre di provare prima personalmente a eseguire gli esercizio proposti e, successivamente, di ripeterli con i tuoi ragazzi. In questo modo ti sentirai maggiormente sicuro e pronto per gestire la situazione. Sai bene che se hai dimestichezza nell'eseguire una cosa non troverai alcuna difficoltà nell'insegnarla ad altri con decisione e professionalità.

Quindi, ora metti in pratica ciò che hai imparato fino a questo punto. Cambierai in meglio il tuo modo di affrontare le diverse complicazioni che incontri nell'insegnamento. Hai una vaga idea di quanto valga la pena sfruttare una tale possibilità?

Ricorda che tutto ciò che hai appreso, fino a questo momento, costituisce una serie di passi veramente importanti. Ora possiedi strumenti efficaci che puoi utilizzare per te stesso e trasmettere ai ragazzi. Rileggi le pagine precedenti con ulteriore attenzione e calma. Prova a calare ciò che hai letto nella tua realtà quotidiana. Passo dopo passo. Non avere fretta. Appropriati di ogni passaggio esaminato. Procedi con tranquillità e determinazione. Ti sottolineo che, accanto alla teoria che ti ho presentato, c'è la pratica della mia esperienza sul campo.

RIEPILOGO DEL CAPITOLO 4:

- SEGRETO n. 13: Favorire l'apprendimento è uno dei pilastri della professionalità di un insegnante. I ragazzi devono sempre avere ben chiaro *cosa* devono imparare, *perché* è necessario farlo, *come* è meglio procedere.

- SEGRETO n. 14: Le tecniche di memoria sono strategie veramente efficaci, che facilitano sia il lavoro dei ragazzi che quello dei docenti, in quanto riescono a sfruttare il naturale funzionamento della nostra mente.

- SEGRETO n. 15: Con la *tecnica legata alle immagini* il bambino diventa un *mago* e trasforma una parola in un'immagine dai particolari buffi, strani, divertenti, colorati, coinvolgenti, personali, richiamati per assonanza.

- SEGRETO n. 16: Con la *tecnica della costruzione di un film* il bambino si trasforma in un *sarto*. Egli sarà capace di cucire fra loro varie parole in modo da formare una storia da visualizzare, come un film facile e divertente da ricordare.

- SEGRETO n. 17: Con l'unione delle tecniche presentate e l'uso delle mappe mentali viene amplificata l'efficacia dell'apprendimento. La lezione risulta assai più divertente per i bambini e i risultati ottenuti sono migliori.

CAPITOLO 5:

Come rendere gli esempi un trampolino

Ora ti mostro alcuni esempi di lavoro che ho realizzato nella mia classe. Ritengo che modelli concreti possano chiarire le spiegazioni precedenti e i dubbi che puoi ancora avere. Non te li sto esibendo per mostrarti quanto siano belli o perché tu possa trovarti il lavoro pronto da replicare in classe.

Se vuoi, puoi anche presentare le dimostrazioni così come sono, ma ti consiglio di esaminarle, di rifletterci sopra e di comprenderle bene. Da lì potrai estrapolare altri lavori da proporre e da utilizzare con i ragazzi. La tua mente ti aiuterà. Ascoltala. In questo modo potrai crescere personalmente e professionalmente. Ti troverai arricchito con qualcosa di prezioso in più. Questo è molto importante per una persona.

Quindi, prendi gli esempi che seguono soltanto come un "trampolino di lancio". Evita che restino un semplice "take-away", perché in questo caso il percorso che hai iniziato con me, leggendo queste pagine, rimarrebbe sospeso a metà e perderebbe gran parte del suo valore. Pertanto, prendi spunto dai modelli che ti suggerisco e i tuoi ragazzi lo faranno da te a loro volta.

SEGRETO n. 18: gli esempi devono essere un "trampolino di lancio" da cui prendere spunto per predisporre altri lavori e non un semplice "take-away". In caso contrario, il percorso intrapreso rimarrà incompleto e inutile.

Nell'insegnamento della matematica

Con i bambini della mia classe, una seconda della scuola primaria, ho utilizzato le mappe mentali in diverse discipline. Per esempio, in matematica durante lo studio delle tabelline. Ho presentato queste ultime ai miei alunni come il "trucco" per calcolare velocemente le moltiplicazioni. Ho detto loro di conoscere il "segreto della mente" per riuscire a impararle rapidamente: le mappe mentali. Le avremmo utilizzate insieme alla nostra mente. Ci saremmo divertiti insieme a lei. Ho dato loro una spiegazione di cosa fossero le mappe mentali: una foto bellissima di ciò che la mente deve ricordare.

Ogni mappa della tabellina di turno ha al centro il numero (moltiplicando) che deve essere moltiplicato fino a dieci volte. Su ogni ramo ho scritto il numero (moltiplicatore) delle volte in cui viene ripetuto il numero/argomento. I rami sono dello stesso colore dei regoli, che i bambini conoscono dall'anno precedente e hanno utilizzato in diverse occasioni:

- x 0 – ramo tratteggiato perché non c'è il regolo;
- x 1 – ramo/regolo bianco;
- x 2 – ramo/regolo rosso;
- x 3 – ramo/regolo verde chiaro;
- x 4 – ramo/regolo rosa;
- x 5 – ramo/regolo giallo;
- x 6 – ramo/regolo verde scuro;
- x 7 – ramo/regolo nero;
- x 8 – ramo/regolo marrone;
- x 9 – ramo/regolo blu;
- x 10 – ramo/regolo arancione.

Su ogni sottoramo della mappa mentale della tabellina dell'uno i prodotti si sono presentati come personaggi strani. Ognuno rispecchia la forma della cifra e la tinta del regolo cui corrisponde. Sono tutti colorati vivacemente in modo da catturare l'attenzione dei bambini. Ciascuno possiede qualche caratteristica strana e richiama il mondo delle fiabe, che è sempre accattivante per loro. La magia e il mistero attira sempre molto! Succede anche a noi adulti.

Ecco i personaggi:

- 0 – lo specchio stregato;
- 1 – il bastone magico;
- 2 – il cigno rosso;
- 3 – il serpente verde chiaro;
- 4 – il trono di zucchero filato rosa;
- 5 – il drago giallo;
- 6 – la chiocciola con la casa verde scuro;
- 7 – il bruco nero col salvagente;
- 8 – il pupazzo di neve di cioccolato;
- 9 – la sirena blu.

Fin dall'inizio i bambini sono stati incuriositi da questi strani personaggi. Ognuno catturava la loro attenzione e li coinvolgeva nella lezione.

Ricordo che uno di loro ha chiesto più volte: «Hai mai visto un pupazzo di neve di cioccolato? Ma non esiste! Solo tu, maestra, potevi trovarlo». In un attimo i bambini hanno impresso nella mente i personaggi e le loro caratteristiche.

Per motivarli ancora di più alla memorizzazione di ogni tabellina, mi sono appoggiata alle altre strategie di memoria. In particolare, ho usato quella della costruzione del film. L'ho abbinata alle mappe mentali costruite. Ho legato ogni risultato a quello successivo, in senso orario, inventando una storia particolare e strana. Così è nato un racconto per ogni mappa mentale in cui i personaggi si mescolano e danno vita ad avventure inconsuete. I bambini hanno seguito le storie con particolare interesse, emozionandosi per ogni "colpo di scena".

Di solito, questo tipo di tecniche di memoria vengono usate per ricordare facilmente una serie di termini. Ti assicuro però che, anche in questo caso, hanno ottenuto successo e mi hanno aiutato a raggiungere il mio obiettivo.

Pian piano i bambini hanno cominciato a inventare da soli la storia da costruire. Mille idee, tante risate e numerosi suggerimenti hanno reso le lezioni più coinvolgenti. Spesso mi prevenivano nel racconto della storia: «Scommetto che ora succede… Vedrai che adesso…»

Con le enormi mappe mentali, realizzate alla lavagna e i grandi disegni colorati con gessi di tante tonalità, era come trovarsi immersi nelle storie che venivano raccontate. Immagina la mia soddisfazione e il loro spasso. A te è mai capitato di divertirti e far divertire in questo modo durante lo studio delle tabelline?

A questo punto la memorizzazione delle tabelline attraverso le mappe mentali non è difficile. È importante che l'insegnante faccia notare la corrispondenza della tabellina scritta sulla mappa mentale con quella stampata sui libri di testo e conosciuta anche dai genitori. In questo modo viene creato il *gancio* fra le due rappresentazioni e non vengono viste come altrettanti argomenti diversi.

I bambini non solo hanno imparato i risultati delle tabelline divertendosi, ma sono riusciti anche a collegarli con la sequenza esatta della storia corrispondente. Pur non avendo la storia scritta, essi sono stati in grado di ripeterla ai genitori. Alla mia domanda: «Cosa succedeva nella storia della tabellina numero...?» le risposte non si sono fatte attendere. Ognuno era pronto a ripetere le varie sequenze e a precisarne i particolari, che costituivano le diverse scene. Prova a immaginare una lezione così attiva, proficua e piacevole per tutti.

Un giorno durante un'esercitazione sulle varie numerazioni un bambino mi ha consegnato il lavoro e mi ha confidato con un gran sorriso: «Sai come ho fatto ad essere così veloce? Mi sono ripetuto la storia che abbiamo raccontato con la mappa mentale. Sono sicuro che la numerazione è tutta giusta». Infatti lo era. Senza che fossi stata io a farlo notare, le due strategie lo avevano coinvolto e divertito tanto da attirarlo a fare uso di ciò che la sua mente aveva immagazzinato, senza alcuno sforzo. Il suo sguardo rivelava una grande soddisfazione per ciò che aveva fatto. Grazie a quelle tecniche la sua mente aveva lavorato per lui.

In breve tempo i bambini sono diventati bravi a realizzare le mappe mentali, organizzandosi nello spazio bianco del foglio del loro quaderno. È il momento di cominciare a farli "camminare" da soli. Ora puoi far disegnare loro i personaggi, far collegare le possibili avventure e creare individualmente la storia. Fai usare, quindi, la tecnica della costruzione del film singolarmente. Pasticceranno? Forse. Saranno storie semplici? Non importa. Troveranno difficoltà? Può darsi. L'importante è che inizino a muoversi da soli fra queste strategie, fino a padroneggiarle.

In questo modo, i ragazzi si trasformano in autori del proprio apprendimento. Dopo averli guidati, seguiti, aiutati è necessario che i ragazzi si misurino con qualcosa di più difficile rispetto a ciò che ormai sanno fare. Ti garantisco che è sempre l'insegnante a rimanere col fiato sospeso per tutto il tempo. Loro si buttano a capofitto nell'impresa, senza alcun timore o dubbio. Spesso il coraggio di provare qualcosa di nuovo è maggiore in un bambino che in un adulto.

Alla fine fai leggere ogni storia da loro inventata. Le avventure che essi creano sono quelle che li colpiscono per alcune caratteristiche. Esse risulteranno maggiormente utili a te, proprio perché nascondono i loro desideri, i loro gusti e anche le loro paure. Tutto ciò, infatti, ti servirà anche per comprendere meglio i bambini e rafforzare il rapport che avrai creato in precedenza. Puoi, comunque, proporre anche la tua versione della storia, ricca di particolari e colpi di scena, per regalare loro un'altra manciata di sogni da ascoltare.

Familiarizzare con queste tecniche, già a questa età, proietta questi giovani studenti verso una capacità di apprendimento futuro assai più veloce e proficuo. Da subito imparano un metodo valido col quale affrontare lo studio di molteplici contenuti e non solo delle tabelline di turno. Per loro risulterà naturale utilizzare queste strategie apprese mediante il gioco, proprio perché saranno stati abituati a servirsene fin da piccoli.

SEGRETO n. 19: familiarizzare con queste strategie, già a partire da una tenera età, sviluppa nei bambini una migliore capacità di apprendimento futuro e offre loro la possibilità di impadronirsi di un proficuo metodo di studio.

Ricorda l'importanza del ripasso costante, che hai imparato nel capitolo relativo alle mappe mentali. Come ti ho detto, non è una fase da trascurare. Dopo poco tempo dalla realizzazione della mappa sulla lavagna ricordati di invitare i bambini a chiudere gli occhi e a far immaginare di nuovo le immagini della storia. Ripeti con calma la descrizione di ogni scena in successione. Nel raccontare usa un tono di voce coinvolgente. Metti in risalto le caratteristiche particolari, i colori che hanno i personaggi e le azioni più insolite che essi compiono. I bambini saranno in grado di ripeterla senza problemi. Sequenza dopo sequenza. Particolare dopo particolare. Riprendi con loro le mappe secondo le scadenze viste in precedenza e i tuoi alunni non le dimenticheranno più. Riusciranno anche a realizzarle di nuovo, individualmente, su un foglio pulito senza omettere niente.

SEGRETO n. 20: il ripasso delle mappe mentali da far fare ai bambini, secondo le scadenze viste in precedenza, è una fase da non sottovalutare o dimenticare. Esso permetterà loro di fissare le informazioni e non dimenticarle.

Quella che segue è la mappa mentale della tabellina dell'uno, che ho realizzato con i bambini della mia classe. In questa mappa i diversi personaggi si presentano con le loro caratteristiche.

Tabellina dell'uno:

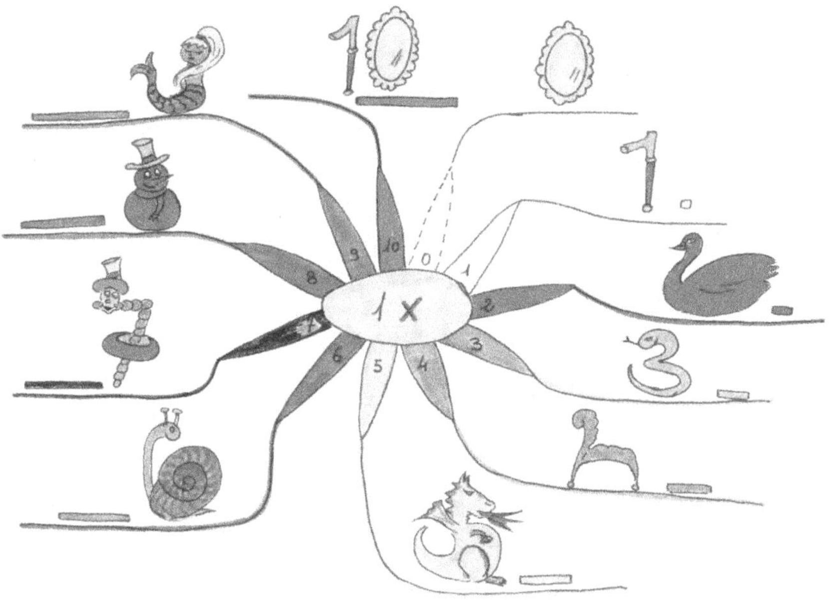

Il numero uno sparge i regoli attorno a sé e ogni *prodotto* sale sul proprio per presentarsi, come se fosse un grande attore. Sono un vero *specchio stregato* e sono l'unico a non avere un regolo. Forse, perché sembra che non valga niente. Sono il *bastone magico* e faccio splendidi incantesimi. Sono il *cigno rosso*, speciale perché unico nella mia specie. Sono il *serpente verde* e mi arricciolo per benino, come una molla. Sono il *trono di zucchero filato rosa* e so che mi vorresti mangiare, ma non ci riuscirai! Sono il *drago giallo* e, se mi arrabbio, lancio qua e là enormi fiamme! Sono la *chiocciola con la casa verde* in cui nascondo tutti i miei segreti. Sono il *bruco nero col salvagente* e amo nuotare, anche se ho paura di farlo. Sono il *pupazzo di neve di cioccolato*: una vera delizia per il palato. Sono la *sirena blu*: canto e nuoto su e giù. Alla fine, il bastone fa compagnia allo specchio perché non si senta solo e insieme occupano l'ultimo regolo.

Presentandosi, i vari personaggi hanno creato un'atmosfera di attesa delle diverse avventure, che sarebbero accadute in seguito. L'uso motivato dei colori e le forme particolari delle figure hanno contribuito ad appassionare i piccoli ascoltatori. Essi cercavano di indovinare quale aspetto avrebbe avuto il personaggio successivo. Sicuramente, avere a disposizione una tale attenzione va a vantaggio di un apprendimento motivato.

Nel raccontare le storie usa un po' di mimica e una voce diversa per interpretare ogni personaggio. In questo modo il coinvolgimento dei bambini sarà ulteriore. Attirerai la loro attenzione senza alcuna fatica e li troverai pronti a seguirti per tutta la lezione. Non serve essere grandi attori per appassionare i ragazzi. Usa solo un po' di fantasia. Divertiti a vivere con loro le strampalate avventure di questi personaggi. Il divertimento stesso farà da maestro. Ti sentirai assai più rilassato nel vedere quanto i bambini ora sono disposti ad ascoltarti. Per loro sarà molto più piacevole imparare ogni tabellina, senza doverla ripetere a macchinetta, come sarà certamente successo di fare anche a te.

Esercizio: realizza la mappa mentale e la relativa storia di una tabellina.

Con questo esercizio stimolerai la tua creatività e con fantasia troverai particolari sequenze da proporre ai tuoi bambini. Rappresenta la mappa sulla lavagna e osserva con soddisfazione gli sguardi attenti dei tuoi alunni. Avrai sicuramente realizzato un clima diverso nella tua classe. La tranquillità e il divertimento favoriranno le tue lezioni. L'apprendimento delle tabelline non sarà più così noioso e ripetitivo.

Nell'insegnamento della lingua italiana

Un altro esempio del mio utilizzo delle mappe mentali è quello preparato durante lo studio della fiaba. Dopo aver parlato delle fiabe che i bambini conoscevano, siamo passati ad approfondire l'argomento. Durante la discussione in classe sono emerse tante informazioni: che cos'è una fiaba, a che cosa serve leggerne una, come si analizzano gli elementi che la costituiscono, le parti in cui può essere divisa per analizzarla, le caratteristiche comuni a tutte le fiabe emerse da un loro precedente confronto, quali sono i passaggi necessari per inventarne una (prima collettivamente, poi a gruppi e infine individualmente).

La soluzione all'idea di raggruppare tutte queste informazioni è venuta proprio dai bambini: «Usiamo una mappa mentale! Così avremo tutto in un unico foglio e la nostra mente non farà fatica a ricordarsene». Devo ammettere che non aspettavo altro. Ti assicuro che vedere bambini di classe seconda dimostrare di aver capito l'importanza della mappa mentale, di conoscerne le modalità di costruzione e di uso è assai gratificante per un'insegnante. Vederli destreggiarsi in questa maniera costituisce la verifica che queste strategie funzionano e cambiano il modo di imparare.

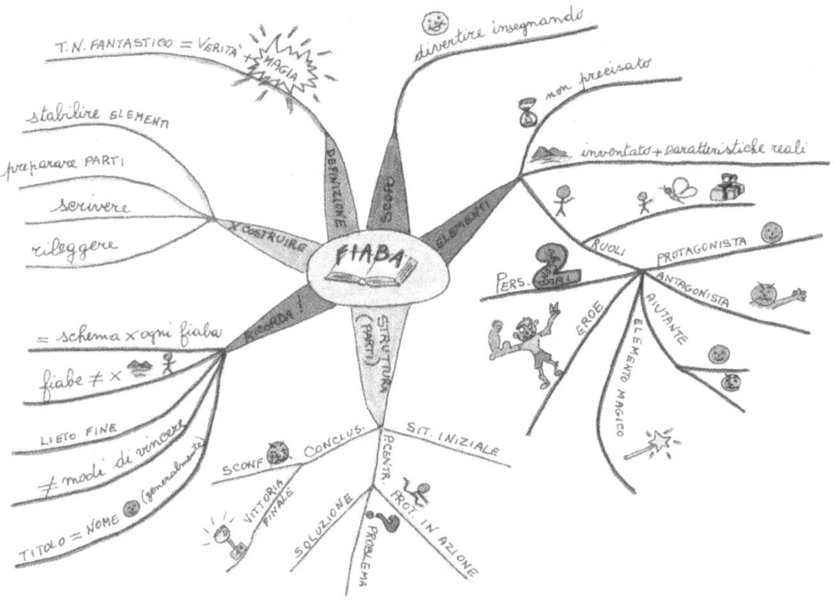

Esercizio: seguendo le modalità che ti ho spiegato, affronta un altro tipo di testo con i bambini e costruisci la relativa mappa mentale (ad esempio: la favola, il testo descrittivo, il testo poetico).

Ho utilizzato le mappe mentali anche in riflessione linguistica.

Per esempio nell'ortografia, riguardo all'uso dell'*h*. Ho affrontato l'argomento e visto, di volta in volta, ciò che i bambini dovevano apprendere. A questo punto, riassumere tutte le informazioni in una mappa mentale ha semplificato il loro lavoro di memorizzazione. In pochi minuti i bambini sanno ciò che è importante ricordare: i casi in cui usarla e quelli in cui non bisogna farlo, il motivo di tali scelte, l'attenzione che bisogna porre alle forme che presentano maggiori difficoltà.

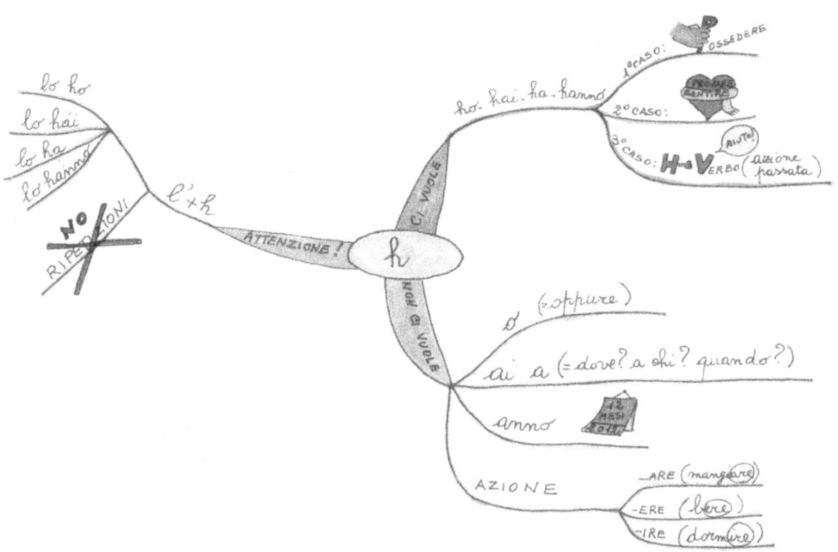

Esercizio: costruisci una mappa mentale per l'uso dell'accento. Ti posso offrire un esempio anche per quanto riguarda la grammatica. Le mappe mentali si sono rese valide per imparare il modo in cui procedere nell'analisi di nomi, articoli, aggettivi verbi ecc. Quella che ti propongo è la mappa mentale relativa al nome. Con la giusta motivazione i bambini stessi hanno scelto i simboli da utilizzare.

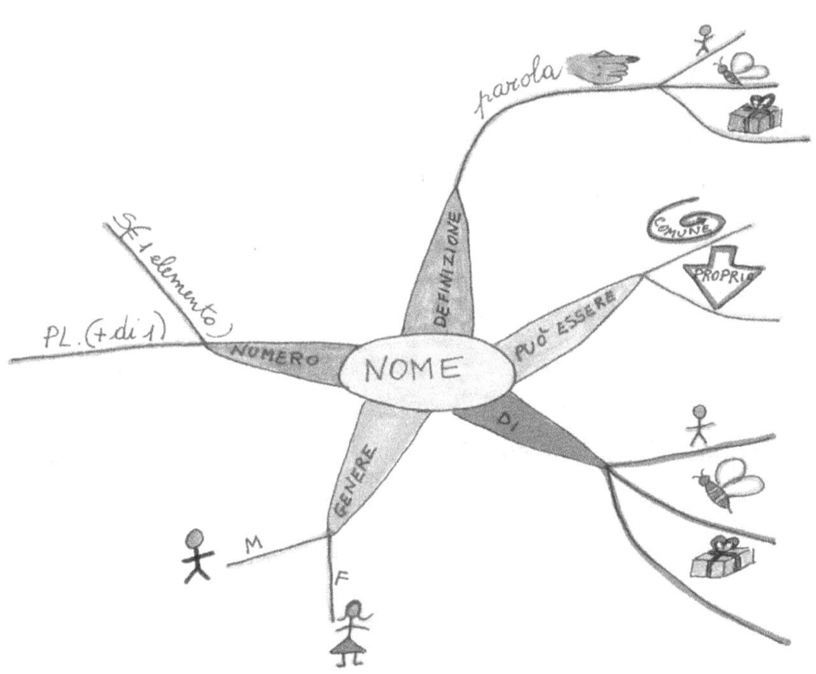

Esercizio: prepara una mappa mentale per raccogliere tutte le informazioni che hai dato, in base alla classe dei tuoi alunni, riguardo al verbo.

Le mappe mentali nell'insegnamento di altre discipline

La mappa mentale ha fatto il suo dovere anche nelle discipline di studio. Guarda quella che ho realizzato in scienze, durante lo studio dell'acqua e analizzala. La mappa mentale, anche se semplice, si è prestata per preparare l'esposizione di quanto i bambini avevano studiato. Fin da piccoli, infatti, è bene abituarli a collegare i vari rami. Insegniamo loro a utilizzarli per impostare un discorso completo e scorrevole da presentare. Tutto ciò costituisce la base per un'esposizione più complessa negli anni successivi.

Ecco il discorso da loro preparato seguendo la mappa mentale realizzata collettivamente: l'acqua è un liquido che si trova in ogni essere vivente. Le caratteristiche sono quelle di tutti i liquidi: non si può afferrare, non ha una propria forma, ma prende quella del contenitore in cui si trova. È inodore e insapore. Serve per bere, lavarsi, cucinare, spegnere il fuoco, nuotare. Si trova in tre stati: liquido, gassoso, solido.

Ricorda che uno stesso argomento può essere approfondito, se affrontato nelle classi successive. In questo caso, la mappa mentale risulterà più ricca di informazioni e maggiormente complessa. L'esposizione dei ragazzi sarà più ampia, precisa e preparata utilizzando un linguaggio sempre più specialistico.

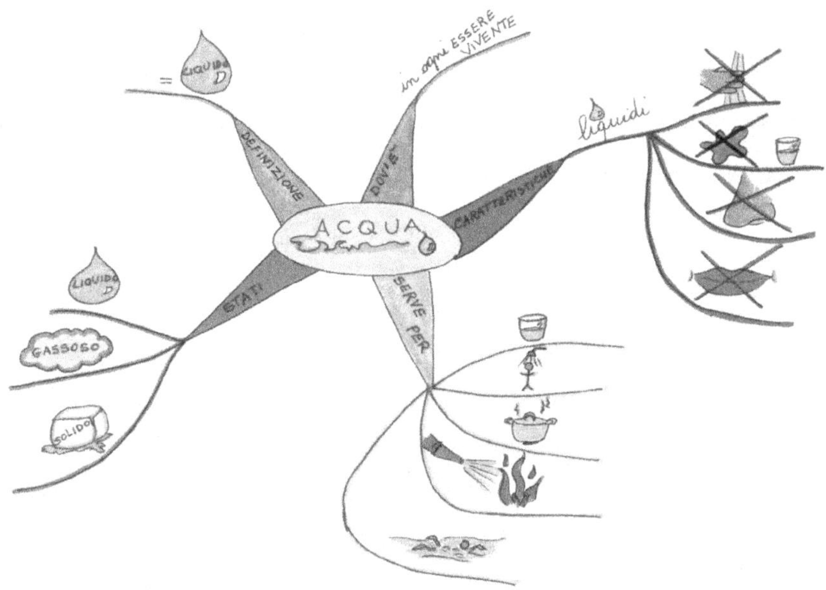

Esercizio: costruisci una mappa mentale per lo studio di un argomento affrontato in storia (ad esempio: i cicli del tempo, l'orologio, la vita di un popolo).

Questi sono solamente alcuni dei modelli da cui puoi prendere spunto per realizzare altri lavori. Come vedi, le possibilità di utilizzo di queste tecniche sono davvero molteplici. In poco tempo potrai spaziare nelle varie discipline e beneficiare della loro utilità in maniera naturale. Quindi, metti in pratica con entusiasmo ciò che hai appreso fino a questo momento, senza alcun timore. Ricorda che per riuscire devi avere il coraggio di provare. E tu ora sai come fare.

RIEPILOGO DEL CAPITOLO 5:

- SEGRETO n. 18: Gli esempi devono essere un "trampolino di lancio" da cui prendere spunto per predisporre altri lavori e non un semplice "take-away". In caso contrario, il percorso intrapreso rimarrà incompleto e inutile.

- SEGRETO n. 19: Familiarizzare con queste strategie, già a partire da una tenera età, sviluppa nei bambini una migliore futura capacità di apprendimento e offre loro la possibilità di impadronirsi di un proficuo metodo di studio.

- SEGRETO n. 20: Il ripasso delle mappe mentali da far fare ai bambini, secondo le scadenze viste in precedenza, è una fase da non sottovalutare o dimenticare. Esso permetterà loro di fissare le informazioni e non dimenticarle.

Conclusione

Ecco, siamo in dirittura d'arrivo. Passo dopo passo siamo arrivati alla fine del nostro percorso. È giunto il momento che anche tu inizi a "camminare" da solo. Ora sei in grado di:

- riconoscere le difficoltà presenti nell'insegnamento;
- fissare l'obiettivo e creare rapport coi bambini;
- utilizzare le mappe mentali e farle utilizzare ai bambini;
- unire le strategie della mente per potenziare i risultati;
- usare gli esempi come spunto per altri lavori.

Hai acquisito una serie di strumenti potenti che d'ora in poi saranno a tua disposizione per ogni necessità. Il valore di questo libro dipende da te, dall'uso che ne farai: puoi rendere banali le mie parole o motivarti attraverso esse, al punto di realizzare grandi cose per te e con i ragazzi.

Come sai, tutto dipende sempre dalla tua volontà. Smettila di accontentarti e agisci. Hai una grande opportunità fra le mani.

Sfruttala al meglio. Riprenditi la tua professionalità, come insegnante, come genitore o come adulto che lavora con i ragazzi. Procedi con costanza e convinzione. Immaginati di essere un bambino: cosa penseresti di un insegnante che, usando le strategie imparate, riesce a farti apprendere molti contenuti e a facilitarti il lavoro, rendendolo assai più divertente?

So che il semplice fatto di aver letto queste pagine ha modificato qualcosa in te. Non lasciare che la tua paura di cambiare limiti la tua crescita. Aggrappati alla tua determinazione. Spingi la tua mente verso il traguardo del successo in campo personale e professionale.

Ora tocca a te. Metti in pratica ciò che ti ho spiegato. Agisci e cambia in meglio il tuo modo di pensare. Alleati con la tua mente. Ti accorgerai di far parte di una squadra imbattibile. Non aspettare. Fallo subito. Solo se t'impegnerai, se sarai determinato e se userai le giuste strategie, raggiungerai il tuo traguardo e ne rimarrai soddisfatto!

Ti auguro un buon lavoro!